Sitzungsberichte

der

Heidelberger Akademie der Wissenschaften

Stiftung Heinrich Lanz

Mathematisch-naturwissenschaftliche Klasse

*) *Jahrgang 1921 erschien im Verlage von Carl Winters Universitätsbuchhandlung in Heidelberg.*

Im Verlag von Walter de Gruyter & Co. vormals G. J. Göschen'sche Verlagshandlung — J. Guttentag, Verlagsbuchhandlung — Georg Reimer — Karl J. Trübner — Veit & Comp., Berlin erschienen:

Abteilung A. Mathematisch-physikalische Wissenschaften.

Jahrgang 1922.

1. Perron, Oskar. Neue Summationsmethoden und Entwicklungen nach Polynomen. Reichsmark 0·30
2. Perron, Oskar. Über transzendente Funktionen auf Riemannschen Flächen. Reichsmark 0·60
3. Baldus, Richard. Über die singulären Punkte reeller Parameterkurven. Reichsmark 0·50

Jahrgang 1923.

1. Deecke, W. Mitteleuropäische Meeresströmungen der Vorzeit. Reichsmark 0·60
2. Liebmann, Heinrich. Die Lie'sche Cyklide und die Inversionskrümmung. Reichsmark 0·40
3. Perron, Oskar. Über Gleichungen ohne Affekt. Reichsmark 0·40
4. Liebmann, Heinrich. Beiträge zur Inversionsgeometrie III. Reichsmark 0·40
5. Kratzert, J. Beitrag zur Kenntnis des Andesins von Bodenmais. Reichsmark 0·50

Jahrgang 1924.

1. Th. Curtius und A. Bertho. Einwirkung von Stickstoffkohlenoxyd und von Stickwasserstoffsäure unter Druck auf aromatische Kohlenwasserstoffe. Reichsmark 0·50
2. Liebmann, Heinrich. Umkehrung des Variationsproblems der ebenen Affingeometrie. Reichsmark 0·60
3. Salomon, Wilhelm. Die Intensitäten alluvialer und diluvialer geologischer Vorgänge und ihre Einwirkung auf die pliocäne Rumpffläche des Kraichgaues und Odenwaldes. Reichsmark 1·20

(Fortsetzung siehe 3. Umschlagseite.)

*) Bestellungen auf solche Veröffentlichungen der math.-naturw. Klasse, welche früher im Verlag von Carl Winters Universitätsbuchhandlung in Heidelberg erschienen sind, nimmt auch der Verlag Walter de Gruyter & Co., Berlin, entgegen.

Sitzungsberichte
der Heidelberger Akademie der Wissenschaften
Stiftung Heinrich Lanz
Mathematisch-naturwissenschaftliche Klasse
Jahrgang 1927. 3. Abhandlung.

Über geodätische Dreiecksnetze auf Flächen konstanten Krümmungsmaßes

Von

Otto Volk
in Kaunas (Litauen).

Vorgelegt in der Sitzung vom 22. Januar 1927
von Herrn Liebmann.

Berlin und Leipzig 1927
Walter de Gruyter & Co.
vormals G. J. Göschen'sche Verlagshandlung / J. Guttentag, Verlagsbuchhandlung / Georg Reimer / Karl J. Trübner / Veit & Comp.

Über geodätische Dreiecksnetze auf Flächen konstanten Krümmungsmaßes.

Die Herren GRAF und SAUER[1]) haben in einer gemeinsamen Arbeit auf synthetisch-geometrischem Wege gezeigt, daß jedes dreifache ebene Geradennetz von der Beschaffenheit, daß stets drei Gerade sich in einem Punkte schneiden, eine Kurve dritter Klasse umhüllt, und umgekehrt, daß die Tangenten einer Kurve dritter Klasse immer als ein solches dreifaches Geradennetz angeordnet werden können. Im folgenden werden diese Dreiecksnetze analytisch bestimmt; damit wird gleichzeitig die Frage nach den geodätischen Dreiecksnetzen auf den Flächen konstanten Krümmungsmaßes erledigt. Es zeigt sich nämlich, daß die Bestimmung der geodätischen Dreiecksnetze in der Ebene, auf der Kugel und auf der Pseudosphäre von der Auflösung ein und derselben Funktionalgleichung abhängt, was natürlich damit zusammenhängt, daß sich die dreifachen ebenen Geradensysteme unmittelbar durch eine Zentralprojektion bzw. Beltramische Abbildung auf die Kugel bzw. auf die Pseudosphäre übertragen lassen, worauf auch die Herren GRAF-SAUER am Schlusse ihrer Arbeit hinweisen.

Ein dreifaches Geradennetz in der Ebene von der verlangten Eigenschaft erfordert das gleichzeitige Bestehen der drei Gleichungen:

$$(1)\qquad \begin{cases} A(u)\,x + B(u)\,y + 1 = 0, \\ A(v)\,x + B(v)\,y + 1 = 0, \\ A(u+v)\,x + B(u+v)\,y + 1 = 0. \end{cases}$$

---

[1]) Vgl. H. GRAF und R. SAUER, Über dreifache Geradensysteme in der Ebene, welche Dreiecksnetze bilden. Sitzungsberichte der bayrischen Akademie der Wissenschaften, Mathematisch-naturwissenschaftliche Abteilung, 1924, S. 119 bis 156. Inzwischen hat auch, wie ich einer freundlichen brieflichen Mitteilung entnehme, Herr LIEBMANN in Erweiterung seiner äußerst eleganten und einfachen Methode, die er in der Bestimmung der ebenen geradlinigen rhombischen Netze anwandte (vgl. H. LIEBMANN, Bestimmung der geodätisch-rhombischen Netze bei konstantem Krümmungsmaße, Crelle's Journal, Jubiläumsband 157), unter Umgehung der komplizierten Funktionalgleichung (10) der vorliegenden Arbeit mittels ganz elementarer Integrationen die geradlinigen Dreiecksnetze in der Ebene analytisch bestimmt. Bei LIEBMANN ergeben sie sich als Spezialfall von viel allgemeineren Betrachtungen über ebene Kurven.

Die notwendige und hinreichende Bedingung dafür ist das Verschwinden der Determinante:

$$(2) \qquad D = \begin{vmatrix} A(u) & B(u) & 1 \\ A(v) & B(v) & 1 \\ A(u+v) & B(u+v) & 1 \end{vmatrix} = 0.$$

Die geodätischen Linien auf einer Kugel sind bekanntlich Großkreise, die durch Ebenen durch den Kugelmittelpunkt ausgeschnitten werden. Ist die Gleichung der Kugel

$$x^2 + y^2 + z^2 = R^2,$$

so ist die Bedingung dafür, daß die Großkreise auf der Kugel ein Dreiecksnetz bilden, das gleichzeitige Bestehen der drei Gleichungen:

$$(3) \qquad \begin{cases} A(u)\,x + B(u)\,y + z = 0, \\ A(v)\,x + B(v)\,y + z = 0, \\ A(u+v)\,x + B(u+v)\,y + z = 0. \end{cases}$$

Die Bedingung dafür ist wieder das Verschwinden der Determinante (2). Die geodätischen Linien auf der Pseudosphäre

$$x = r\cos\varphi,\quad y = r\sin\varphi,\quad z = a\lg\frac{a + \sqrt{a^2 - r^2}}{r} - \sqrt{a^2 - r^2}$$

sind durch die Gleichung[1])

$$\varphi = a\,C_1\sqrt{1 - \frac{1}{r^2 C_1^2}} + a\,C_2$$

oder

$$(4) \qquad (C_2^2 - C_1^2)\,a^2r^2 - 2a\,C_2 r^2\varphi + a^2 + r^2\varphi^2 = 0$$

bestimmt. Die Anordnung zu einem Dreiecksnetze verlangt also das gleichzeitige Bestehen der drei Gleichungen:

$$(5) \qquad \begin{cases} A(u)\,a^2r^2 - 2B(u)\,ar^2\varphi + a^2 + r^2\varphi^2 = 0, \\ A(v)\,a^2r^2 - 2B(v)\,ar^2\varphi + a^2 + r^2\varphi^2 = 0, \\ A(u+v)\,a^2r^2 - 2B(u+v)\,ar^2\varphi + a^2 + r^2\varphi^2 = 0, \end{cases}$$

was wieder auf die Gleichung (2) zurückführt.

Gelingt es also, die Funktionalgleichung (2) zu lösen, so haben wir damit gleichzeitig für die Ebene, Kugel und Pseudosphäre die geodätischen Dreiecksnetze bestimmt und damit, infolge der Verbiegungsmöglichkeit der abwickelbaren Flächen, bzw. der Flächen positiven bzw. negativen Krümmungsmaßes in diese drei Flächen, für alle Flächen konstanten Krümmungsmaßes. Wir werden zeigen, daß die Lösung

---

[1]) Vgl. etwa O. VOLK, Über geodätische rhombische Kurvennetze auf krummen Flächen, insbesondere auf Flächen konstanter Krümmung. Sitzungsberichte der Heidelberger Akademie der Wissenschaften, 1925, 13. Abhandlung, S. 16. Diese Arbeit soll im folgenden zur Abkürzung mit H. B. bezeichnet werden.

der Gleichung (2) im wesentlichen auf die p-Funktion führt, für die die Identität gilt[1]):

$$\begin{vmatrix} p(u) & p'(u) & 1 \\ p(v) & p'(v) & 1 \\ p(u+v) & -p'(u+v) & 1 \end{vmatrix} = 0.$$

Zum Schlusse dieser Arbeit werden noch im besonderen die geodätischen rhombischen Dreiecksnetze betrachtet, die dann und nur dann entstehen, wenn eine Schar des Netzes aus den Meridiankurven (in der Ebene aus den Strahlen eines Geradenbüschels) besteht, während die beiden andern Scharen ein und denselben Parallelkreis (in der Ebene einen Kreis um den Mittelpunkt des Geradenbüschels) umhüllen oder jede der drei Scharen ein Büschel bildet.

Es ist ganz aussichtslos, auf weiteren Flächen nach der vorliegenden Methode geodätische Dreiecksnetze zu bestimmen, wie überhaupt die Frage in Angriff zu nehmen: Auf welchen Flächen existieren geodätische Dreiecksnetze? Daß auf den Rotationsflächen und den auf sie abwickelbaren Flächen geodätische Dreiecksnetze existieren, darauf hat schon Herr FINSTERWALDER hingewiesen.[2]) In seiner Habilitationsschrift, die demnächst in den Sitzungsberichten der bayrischen Akademie der Wissenschaften erscheinen wird, hat Herr SAUER in Fortsetzung der Finsterwalderschen Betrachtungen eingehend die geodätischen Dreiecksnetze auf Rotations- und Spiralflächen betrachtet. Die analytische Lösung der Frage nach allen Flächen, die ein geodätisches Dreiecksnetz zulassen, hängt enge zusammen mit den Untersuchungen, wie sie von Herrn A. VOSS[3]) mit so großem Erfolge bei Kurvennetzen auf abwickelbaren Flächen angestellt wurden. Darauf hoffe ich in einer folgenden Arbeit näher eingehen zu können.

§ 1. Die Bedingung $D = 0$.

Durch Auflösen der Determinante

$$D = \begin{vmatrix} A(u) & B(u) & 1 \\ A(v) & B(v) & 1 \\ A(u+v) & B(u+v) & 1 \end{vmatrix} = 0$$

[1]) Vgl. z. B. H. A. SCHWARZ, Formeln und Lehrsätze zum Gebrauche der elliptischen Funktionen. Göttingen. 1882. S. 14.

[2]) Vgl. S. FINSTERWALDER, Mechanische Beziehungen bei der Flächendeformation. Jahresbericht der deutschen Mathematikervereinigung, Bd. 6 (1899), S. 51 ff. Die von Herrn FINSTERWALDER angegebenen Netze sind zugleich rhombisch; vgl. § 6 dieser Arbeit.

[3]) Vgl. A. VOSS, Kurvennetze und Laplacesche partielle Differentialgleichungen. Sitzungsberichte der bayr. Akad. d. Wissenschaften, Math.-phys. Klasse, 1924, S. 39 ff.; vgl. § 6 dieser Arbeit.

erhält man die Gleichung:

$$(6)\qquad (B(u)-B(v))\ A(u+v)+(A(v)-A(u))\ B(u+v) \\ +A(u)B(v)-A(v)B(u)=0.$$

Hieraus folgt durch Differentiation nach u bzw. v:

$$(B(u)-B(v))\ A'(u+v)+(A(v)-A(u))\ B'(u+v)+B'(u)A(u+v) \\ -A'(u)B(u+v)+A'(u)B(v)-A(v)B'(u)=0,$$

$$(B(u)-B(v))\ A'(u+v)+(A(v)-A(u))\ B'(u+v)-B'(v)A(u+v) \\ +A'(v)B(u+v)+A(u)B'(v)-A'(v)B(u)=0.$$

Subtrahiert man diese beiden Gleichungen, so erhält man:

$$(7)\quad (B'(u)+B'(v))\ A(u+v)-(A'(u)+A'(v))\ B(u+v)+A'(u)B(v) \\ -A(u)B'(v)-A(v)B'(u)+A'(v)B(u)=0.$$

Verfährt man mit dieser Gleichung wie mit der Gleichung (6), so erhält man:

$$(8)\quad (B''(u)-B''(v))\,A(u+v)+(A''(v)-A''(u))\,B(u+v)+A''(u)B(v) \\ -A(v)B''(u)+A(u)B''(v)-A''(v)B(u)+2A'(v)B'(u) \\ -2A(u)B'(v)=0.$$

Aus den Gleichungen (6), (7) und (8) folgt nun:

$$(9)\quad \varDelta=\begin{vmatrix} B(u)-B(v) & A(v)-A(u) & A(u)B(v)-A(v)B(u) \\ B'(u)+B'(v) & -A'(v)-A'(u) & \begin{matrix}A'(u)B(v)-A(u)B'(v)\\ -A(v)B'(u)+A'(v)B(u)\end{matrix} \\ B''(u)-B''(v) & A''(v)-A''(u) & \begin{matrix}A''(u)B(v)-A(v)B''(u)\\ +A(u)B''(v)-A''(v)B(u)\\ +2A'(v)B'(u)-2A'(u)B'(v)\end{matrix} \end{vmatrix}=0.$$

Durch Umformen findet man leicht:

$$\varDelta=\left\{\begin{matrix} (A(v)-A(u))\begin{vmatrix} B(u)-B(v) & A(v)-A(u) & 0 \\ B'(u) & -A'(v)-A'(u) & B'(v) \\ B''(u) & A''(v)-A''(u) & -B''(v)\end{vmatrix} \\ +(B(u)-B(v))\begin{vmatrix} B(u)-B(v) & A(v)-A(u) & 0 \\ B'(u)+B'(v) & -A'(u) & A'(v) \\ B''(u)-B''(v) & -A''(u) & -A''(v)\end{vmatrix} \\ +2\begin{vmatrix} B(u)-B(v) & A(v)-A(u) & 0 \\ B'(u)+B'(v) & -A'(v)-A'(u) & 0 \\ B''(u)-B''(v) & A''(v)-A''(u) & A'(v)B'(u)-A'(u)B'(v)\end{vmatrix}\end{matrix}\right\}=0.$$

Die Ausrechnung ergibt schließlich:

$$(10)\quad \left\{\begin{aligned}
&A'(u)\,(-A(v)\,B(v)\,B''(v) - 2\,A'(v)\,B(v)\,B'(v) + 2\,A(v)\,B'(v)^2 \\
&\qquad + B(v)^2 A''(v)) \\
&+ B'(u)\,(-A(v)\,B(v)\,A''(v) - 2\,A(v)\,A'(v)\,B'(v) + 2\,B(v)\,A'(v)^2 \\
&\qquad + A(v)^2 B''(v)) \\
&+ A''(u)\,(B(v)^2 A'(v) - A(v)\,B(v)\,B'(v)) + B''(u)\,(A(v)^2 B'(v) \\
&\qquad - A(v)\,B(v)\,A'(v)) \\
&+ A(u)\,A'(u)\,(B(v)\,B''(v) - 2\,B'(v)^2) + B(u)\,B'(u)\,(A(v)\,A''(v) \\
&\qquad - 2\,A'(v)^2) \\
&+ 2\,A'(u)\,B'(u)\,(A(v)\,B'(v) + B(v)\,A'(v)) + A(u)\,B''(u)\,(B(v)\,A'(v) \\
&\qquad - 2\,A(v)\,B'(v)) \\
&+ B(u)\,A''(u)\,(A(v)\,B'(v) - 2\,B(v)\,A'(v)) + B(v)\,A''(v)\,(A(u)\,B'(u) \\
&\qquad - 2\,B(u)\,A'(u)) \\
&+ A(v)\,B''(v)\,(B(u)\,A'(u) - 2\,A(u)\,B'(u)) + 2\,A'(v)\,B'(v)\,(B(u)\,A'(u) \\
&\qquad + A(u)\,B'(u)) \\
&+ A(v)\,A'(v)\,(B(u)\,B''(u) - 2\,B'(u)^2) + B(v)\,B'(v)\,(A(u)\,A''(u) \\
&\qquad - 2\,A'(u)^2) \\
&+ A'(v)\,(B(u)^2 A''(u) - A(u)\,B(u)\,B''(u) - 2\,B(u)\,A'(u)\,B'(u) \\
&\qquad + 2\,A(u)\,B'(u)^2) \\
&+ B'(v)\,(A(u)^2 B''(u) - A(u)\,B(u)\,A''(u) - 2\,A(u)\,A'(u)\,B'(u) \\
&\qquad + 2\,B(u)\,A'(u)^2) \\
&+ A''(v)\,(B(u)^2 A'(u) - A(u)\,B(u)\,B'(u)) + B''(v)\,(A(u)^2 B'(u) \\
&\qquad - A(u)\,B(u)\,A'(u))
\end{aligned}\right\} = 0.$$

§ 2. **Lösung der Funktionalgleichung.**

Differentiiert man die Gleichung (10) wiederholt nach v und eliminiert, so erhält man unter anderem:

$$\begin{aligned}
B'(u) &= \alpha_1 A''(u) + \beta_1 A(u)\,A'(u) + \gamma_1 A'(u), \\
B''(u) &= \alpha_2 A''(u) + \beta_2 A(u)\,A'(u) + \gamma_2 A'(u),
\end{aligned}$$

oder integriert:

$$(11)\quad \left\{\begin{aligned}
B(u) &= \alpha_1 A'(u) + \frac{\beta_1}{2} A(u)^2 + \gamma_1 A(u) + \delta_1, \\
B'(u) &= \alpha_2 A'(u) + \frac{\beta_2}{2} A(u)^2 A'(u) + \gamma_2 A(u) + \delta_2,
\end{aligned}\right.$$

wo die Koeffizienten α_i, β_i, γ_i als konstant angesehen werden können. Die Elimination von $A(u)^2$ ergibt nun:

$$(12)\quad \beta_1 B'(u) - \beta_2 B(u) = (\alpha_2\beta_1 - \alpha_1\beta_2)\,A'(u) + (\gamma_2\beta_1 - \gamma_1\beta_2)\,A(u) + \delta_2\beta_1 - \delta_1\beta_2.$$

In analoger Weise findet man:

$$(13)\quad \beta_1' B'(v) - \beta_2' B(v) = (\alpha_2'\beta_1' - \alpha_1'\beta_2') A'(v) + (\gamma_2'\beta_1' - \gamma_1'\beta_2') A(v) + \delta_2'\beta_1' - \delta_1'\beta_2'.$$

Aus Symmetriegründen (vgl. die Gleichungen (6) und (7)) muß $\alpha_i' = \alpha_i$, $\beta_i' = \beta_i$, $\gamma_i' = \gamma_i$, $\delta_i' = \delta_i$ sein. Die beiden Gleichungen (12) und (13) lassen sich nun, wie man sofort erkennt, durch eine lineare Transformation der Funktionen A, B auf die Form

$$(14)\qquad B(u) = \alpha A'(u),\quad B(v) = \alpha A'(v)$$

zurückführen. Da eine solche Transformation nur eine projektive Transformation der Koordinaten bedeutet, so kann man sich, ohne die Allgemeinheit zu stören, mit den Gleichungen (14) begnügen. Setzen wir aus (14) die Werte für die Funktionen B in (10) ein, so erhalten wir:

$$(15)\quad \left\{\begin{aligned} &(A'(u)\,(-A(v)A'(v)A'''(v) - A'(v)^2A''(v) + 2A(v)A''(v)^2) \\ &\qquad + A(u)A'(u)(A'(v)A'''(v) - 2A''(v)^2) \\ &+ A''(u)\,(-4A(v)A'(v)A''(v) + 3A'(v)^3 + A(v)^2A'''(v)) \\ &\qquad + A'''(u)\ (A(v)^2\ A''(v)\ -\ A(v)\ A'(v)^2) \\ &\quad + (-2A'(u)\,A''(u) + A(u)A'''(u))\,(A'(v)^2 - 2A(v)A''(v)) \\ &+ A'(v)\,(-A(u)A'(u)A''(u) - A'(u)^2A''(u) + 2A(u)A'(u)^2) \\ &\qquad + A(v)A'(v)\,(A'(u)A'''(u) - 2A''(u)^2) \\ &+ A''(v)\,(-4A(u)A'(u)A''(u) + 3A'(u)^3 + A(u)^2A'''(u)) \\ &\qquad + A'''(v)\ (A(u)^2\ A''(u)\ -\ A(u)\ A'(u)^2) \\ &\quad + (-2A'(v)A''(v) + A(v)A'''(v))\,(A'(u)^2 - 2A(u)A''(u)) \end{aligned}\right\} = 0.$$

Durch wiederholte Differentiation nach v und Elimination findet man hieraus unter anderem:

$$(16)\quad \begin{cases} A'''(u) = a_1 A'(u) + 2b_1 A(u)A'(u) + c_1 A''(u), \\ A(u)A'''(u) - 2A'(u)A''(u) = a_2 A'(u) + 2b_2 A(u)A'(u) + c_2 A''(u), \end{cases}$$

allerdings unter der Voraussetzung, daß keiner der beiden Koeffizienten von $A'''(u)$, $A(u)A''(u) - 2A'(u)A''(u)$ Null ist. Diese beiden Differentialgleichungen (16) kann man einmal integrieren; man erhält so:

$$(17)\quad \begin{cases} A''(u) = a_1 A(u) + b_1 A(u)^2 + c_1 A'(u) + d_1, \\ A(u)A''(u) = \dfrac{3}{2} A'(u)^2 + a_2 A(u) + b_2 A(u)^2 + c_2 A'(u) + d_2. \end{cases}$$

Eliminiert man aus diesen beiden Gleichungen $A''(u)$, so erhält man:

$$(18)\quad (a_1 - b_2)A(u)^2 + b_1 A(u)^3 + (d_1 - a_2)A(u) + c_1 A(u)A'(u) - \frac{3}{2}A'(u)^2 - c_2 A'(u) - d_2 = 0,$$

woraus durch Differentiation folgt:

$$A''(u)(c_1 A(u) - 3A'(u) - c_2) = 2(b_2 - a_1)A(u)A'(u) - 3b_1 A(u)^2A'(u) - c_1 A'(u)^2 + (a_2 - d_1)A'(u).$$

Diese Gleichung geht nun in die erste Gleichung (17) über, wenn ist:

$$c_1 = c_2 = 0,\ 2(a_1 - b_2) = 3a_1,\ -a_2 + d_1 = 3d_1;$$

aus der Gleichung (18) erhält man so schließlich:

$$A'(u)^2 = \frac{2}{3} b_1 A(u)^3 + a_1 A(u)^2 + 2 d_1 A(u) - \frac{2}{3} d_2. \tag{19}$$

Man bestätigt leicht, daß die beiden Gleichungen (17) unmittelbar aus dieser Gleichung (19) hervorgehen. Wir erhalten somit also:

$$A'(u)^2 = a A(u)^3 + b A(u)^2 + c A(u) + d, \tag{20}$$

wenn wir setzen:

$$a = \frac{2b_1}{3},\ b = a_1,\ c = 2d_1,\ d = -\frac{2}{3} d_2.$$

In ganz analoger Weise findet man:

$$A'(v)^2 = a^* A(v)^3 + b^* A(v)^2 + c^* A(v) + d^*;$$

aus Symmetriegründen muß sein:

$$a^* = a,\ b^* = b,\ c^* = c,\ d^* = d,$$

so daß man erhält:

$$A'(v)^2 = a A(v)^3 + b A(v)^2 + c A(v) + d. \tag{21}$$

Man überzeugt sich leicht, daß durch (20) und (21) in der Tat die Funktionalgleichung (15) identisch erfüllt ist. Wir erhalten also somit im allgemeinen als Lösung der Funktionalgleichung (10):

$$\begin{cases} A(u) = m p(u) + n, & B(u) = a m p'(u), \\ A(v) = m p(v) + n, & B(v) = a m p'(v), \end{cases} \tag{22}$$

wo p die Weierstrasssche p-Funktion bedeutet und m, n sowie die beiden Konstanten g_2, g_3 willkürlich sind.

§ 3. Sonderfälle.

Wir haben noch die Sonderfälle zu betrachten, in denen die Ansätze (14) oder (16) versagen.

I. Der erste Fall tritt ein, wenn entweder die Koeffizienten von A' und B' oder von A'' und B'' gleichzeitig Null werden, oder aber gleichzeitig die Koeffizienten von A', A'' oder B', B'' verschwinden.[1]) Diese Koeffizienten sind nun:

$$\begin{aligned} A'&:\ B(BA'' - AB'') - 2B'(A'B - AB') \\ B'&:\ A(AB'' - BA'') - 2A'(AB' - A'B) \\ A''&:\ B(A'B - AB') \\ B''&:\ A(AB' - A'B). \end{aligned}$$

[1]) Verschwindet der Koeffizient nur von B', so braucht man nur A mit B in den Gl. (12) bzw. (14) zu vertauschen.

Daraus erkennt man sofort, daß die Koeffizienten von A' und B' dann und nur dann gleichzeitig Null werden, wenn entweder

a) $A=0$ oder $B=0$, b) $A'B-AB'=0$ d. h. $B=kA$

ist. In den gleichen Fällen verschwinden auch die Koeffizienten von A'' und B'' gleichzeitig. Da man A mit B vertauschen kann und außerdem die Vertauschung von A mit $B-kA$ keine Änderung an dem Bau unserer Funktionalgleichung hervorruft (es wird dadurch in den Gl. (1), (3), (5) nur eine Koordinatentransformation eingeführt), so genügt es, den Fall $A=0$ zu betrachten; auch genügt es natürlich, für eine Veränderliche, etwa v, die Rechnung durchzuführen.

Es sei also:

$$A(v)=0.$$

Die Funktionalgleichung (10) nimmt nun die Gestalt an:

$$\text{(23)}\quad \left\{\begin{aligned} &B'(v)\Big(A(u)\frac{d}{du}(A(u)B'(u)-A'(u)B(u))-2A'(u)(A(u)B'(u)\\ &\qquad\qquad -A'(u)B(u))\Big)\\ &+B''(v)A(u)(A(u)B'(u)-A'(u)B(u))+A(u)A'(u)(B(v)B''(v)\\ &\qquad\qquad -2B'(v)^2)\\ &+B(v)B'(v)(A(u)A''(u)-2A'(u)^2) \end{aligned}\right\}=0.$$

Daraus folgt durch Differentiation nach u und Elimination[1]):

$$B(v)B''(v)-2B'(v)^2=\alpha_1 B'(v)+\beta_1 B(v)B'(v),$$
$$B''(v)=\alpha_2 B'(v)+\beta_2 B(v)B'(v).$$

Integriert man jede dieser beiden Gleichungen, so erhält man aus beiden dieselbe Form für $B'(v)$:

$$\text{(24)}\qquad B'(v)=\alpha+\beta B(v)+\gamma B(v)^2.$$

Setzt man diesen Wert und die daraus sich ergebenden:

$$B''(v)=(\beta+2\gamma B(v)B'(v)$$
$$B(v)B''(v)-2B'(v)^2=-(2\alpha+\beta B(v))B'(v)$$

in die Gleichung (23) ein, so erhält man:

$$\begin{aligned} &A(u)\frac{d}{du}(A(u)B'(u)-A'(u)B(u))-2A'(u)(A(u)B'(u)-A'(u)B(u))\\ &+\beta A(u)(A(u)B'(u)-A'(u)B(u))-2\alpha A(u)A'(u)\\ &+B(v)\big(2\gamma A(u)(A(u)B'(u)-A'(u)B(u))-\beta A(u)A'(u)+A(u)A''(u)\\ &\qquad\qquad -2A'(u)^2\big)=0 \end{aligned}$$

[1]) Dabei sehen wir von der Möglichkeit, daß die Koeffizienten von $B''(v)$, $B(v)B''(v)-2B'(v)^2$ gleichzeitig verschwinden, zunächst ab. Dies tritt ein, wenn entweder $A(u)=0$ wird oder $A(u)$, $B(u)$ gleichzeitig konstant sind. Im ersten Falle bleiben $B(u)$, $B(v)$ beliebig; wir erhalten den Fall der Büschel; der zweite Fall scheidet aus, da wir ja kein Dreiecksnetz erhalten.

und daher, wenn zunächst $A(u) \neq 0$ vorausgesetzt wird:

$$A(u)\frac{d}{du}(A(u)B'(u)-A'(u)B(u))-2A'(u)(A(u)B'(u)-A'(u)B(u))$$
$$+\beta A(u)(A(u)B'(u)-A'(u)B(u))-2\alpha A(u)A'(u)=0$$
$$2\gamma A(u)(A(u)B'(u)-A'(u)B(u))-\beta A(u)A'(u)+A(u)A''(u)$$
$$-2A'(u)^2=0,$$

oder:

$$\frac{d}{du}\left(\frac{A(u)B'(u)-A'(u)B(u)}{A(u)^2}\right)+\beta\frac{d}{du}\left(\frac{B(u)}{A(u)}\right)-2\alpha\frac{A'(u)}{A(u)^2}=0$$
$$2\gamma\frac{d}{du}\left(\frac{B(u)}{A(u)}\right)-\beta\frac{A'(u)}{A(u)^2}+\frac{d}{du}\left(\frac{A'(u)}{A(u)^2}\right)=0,$$

woraus durch Integration folgt:

$$\frac{A(u)B'(u)-A'(u)B(u)}{A(u)^2}+\beta\frac{B(u)}{A(u)}+\frac{2\alpha}{A(u)}=\delta_1$$
$$2\gamma\frac{B(u)}{A(u)}+\beta\frac{1}{A(u)}+\frac{A'(u)}{A(u)^2}=\delta_2.$$

Durch Elimination von

$$\frac{B(u)}{A(u)} \text{ und } \frac{A(u)B'(u)-A'(u)B(u)}{A(u)^2}=\frac{d}{du}\left(\frac{B(u)}{A(u)}\right)$$

aus der ersten dieser beiden Gleichungen mittels der zweiten erhält man hieraus schließlich:

(25) $$A'(u)^2=(a+2b\,A(u)+c\,A(u)^2)\,A(u)^2,$$

wo gesetzt ist:

$$a=\beta^2-4\alpha\gamma,\quad b=-\delta_2\beta+2\delta_1\gamma$$

und c eine willkürliche Konstante bedeutet, und somit:

(26) $$B(u)=-\frac{\beta}{2\gamma}+\frac{\delta_2}{2\gamma}A(u)-\frac{1}{2\gamma}\sqrt{a+2b\,A(u)+c\,A(u)^2}.$$

Ist aber $A(u)=0$, so ist die Gleichung (23) von selbst erfüllt. Es bleiben dann $B(u)$, $B(v)$ beliebig.

Wir erhalten also die beiden Möglichkeiten:

1. $A(v)=0,\ A(u)=0,\ B(u),\ B(v)$ beliebig.
2. $A(v)=0,\ B'(v)=\alpha+\beta B(v)+\gamma B(v)^2$

$$A'(u)=\sqrt{a+2b\,A(u)+c\,A(u)^2},\quad B(u)=-\frac{\beta}{2\gamma}+\frac{\delta_2}{2\gamma}A(u)$$
$$-\frac{1}{2\gamma}\sqrt{a+2b\,A(u)+c\,A(u)^2},$$

wo $a=\beta^2-4\alpha\gamma,\ b=-\delta_2\beta+2\delta_1\gamma.$

Ist $B(v)=0$, so erhält man dasselbe Resultat; man hat nur A mit B zu vertauschen.

Ist $B(v)=kA(v)$, so tritt an die Stelle von A $B-kA$, während B ungeändert bleibt.

II. Die Gleichungen (16) versagen, wenn in (25) entweder der Koeffizient von $A'''(u)$:

$$A(u)\left(A(v)A''(u)-A'(v)^2\right)=0$$

oder der von $A(u)A'''(u)-2A'(u)A''(u)$:

$$A'(v)^2-2A(v)A''(v)=0$$

wird. Sehen wir von dem bereits behandelten Fall $A(v)=0$ ab, so tritt die erste Möglichkeit ein, wenn ist:

$$A(v)A''(v)-A'(v)^2=0$$

oder:

$$A'(v)=kA(v).$$

Infolge der Gleichungen (14) wird dann:

$$B(v)=akA(v),$$

ein Fall, der bereits im vorhergehenden enthalten ist.

Wird aber

$$A'(v)^2-2A(v)A''(v)=0,$$

so wird:

$$A'(v)^2=k^2A(v),$$

also:

(27)
$$A(v)=\left(\frac{k}{2}v+c_1\right)^2.$$

Daher wird nach (14):

(28)
$$B(v)=aA'(v)=ak\left(\frac{k}{2}v+c_1\right).$$

Somit erhält man:

$$A(v)=\frac{1}{k^2a^2}B(v)^2,\ A'(v)=\frac{1}{a}B(v),\ A''(v)=\frac{k^2}{2},$$

$$B'(v)=\frac{ak^2}{2},\ B''(v)=0.$$

Setzt man diese Werte in die Gleichung (15) ein, so erhält man durch Nullsetzen der Koeffizienten der einzelnen Potenzen von $B(v)$ leicht:

(29)
$$\begin{cases} A(u)=\left(\frac{k}{2}u+c_2\right)^2, \\ B(u)=ak\left(\frac{k}{2}u+c_2\right). \end{cases}$$

Wir erhalten also somit einen Spezialfall von (21), nämlich, wenn die dortigen Größen a, b, d Null werden.

§ 4. Die Funktionen $A(u+v)$, $B(u+v)$.

Durch Elimination erhält man aus den Gleichungen (6) und (7):

$$(30\text{a})\quad A(u+v) = \frac{(A(v)\,B(u) - A(u)\,B(v))\,(A'(u) + A'(v))}{(A(v) - A(u))\,(B'(u) + B'(v)) + (B(u) - B(v))\,(A'(u) + A'(v))}$$
$$+ \frac{(A'(u)B(v) - A(u)B'(v) + A'(v)B(u) - A(v)B'(u))\,(A(u) - A(v))}{(A(v) - A(u))\,(B'(u) + B'(v)) + (B(u) - B(v))\,(A'(u) + A'(v))},$$

$$(30\text{b})\quad B(u+v) = \frac{(A(v)B(u) - A(u)B(v))\,(B'(u) + B'(v))}{(A(v) - A(u))\,(B'(u) + B'(v)) + (B(u) - B(v))\,(A'(u) + A'(v))}$$
$$+ \frac{A'(u)B(v) - A(u)B'(v) + A'(v)B(u) - A(v)B'(u))\,(B(u) - B(v))}{(A(v) - A(u))\,(B'(u) + B'(v)) + (B(u) - B(v))\,(A'(u) + A'(v))}.$$

Ist nun

$$A(u) = m\,p(u) + n,\quad B(u) = a\,m\,p'(u),\quad p'(u)^2 = 4\,p^3(u) - g_2 p(u) - g_3,$$
$$A(v) = m\,p(v) + n,\quad B(v) = a\,m\,p'(v),\quad p'(v)^2 = 4\,p^3(u) - g_2 p(v) - g_3,$$

so findet man leicht:

$$A(u+v) = m\,\frac{-g_3 - p'(u)p'(v) + (p(u) + p(v))\,(2\,p(u)p(v) - \frac{g_2}{2})}{2\,(p(u) + p(v))^2} + n$$

oder:

$$(31\text{a})\quad A(u+v) = m\,p(u+v) + n$$

und

$$B(u+v) = -a\,m\left\{p'(v)\left(\frac{p'(u)^2}{(p(u) - p(v))^3} - \frac{p''(u)}{2\,(p(u) - p(v))^2}\right)\right.$$
$$\left. + p'(u)\left(\frac{p'(v)^2}{(p(v) - p(u))^3} - \frac{p''(v)}{2\,(p(v) - p(u))^2}\right)\right\}$$

oder:

$$(31\text{b})\quad B(u+v) = -a\,m\,p'(u+v).$$

In dem Sonderfalle I, wo ist:

$$A(v) = 0,\quad B'(v) = \alpha + \beta\,B(v) + \gamma\,B(v)^2$$
$$A'(u) = A(u)\sqrt{a + 2\,b\,A(u) + c\,A(u)^2},$$
$$B(u) = -\frac{\beta}{2\gamma} + \frac{\delta_2}{2\gamma}\,A(u) - \frac{1}{2\gamma}\sqrt{a = 2\,b\,B(u) + c\,B(u)^2}$$
$$a = \beta^2 - 4\,\alpha\,\gamma,\quad b = -\delta_2\beta + 2\,\delta_1\gamma,$$

erhält man aus (30):

$$(32)\quad \begin{cases} A(u+v) = \dfrac{A(u)^2\,B'(v)}{A(u)\,B'(u) - A'(u)\,B(u) + A(u)\,B'(v) + A'(u)\,B(v)}, \\[2ex] B(u+v) = \dfrac{(A(u)B'(u) - A'(u)B(u))\,B(v) + A(u)\,B(u)B'(v) + A'(u)B(v)^2}{A(u)\,B'(u) - A'(u)\,B(u) + A(u)B'(v) + A'(u)B(v)}. \end{cases}$$

Bildet man die logarithmische Ableitung von $A(u+v)$ nach v, so erhält man:

$$\frac{A'(u+v)}{A(u+v)} = \frac{B''(v)}{B'(v)} - \frac{A(u)\,B''(v) + B'(v)\,A'(u)}{N},$$

wenn wir zur Abkürzung

$$N = A(u)\,B'(u) - A'(u)\,B(u) + A(u)\,B'(v) + A'(u)\,B(v)$$

setzen. Nun ist:

$$B'(v) = a + \beta\, B(v) + \gamma B(v)^2,$$

also:

$$B''(v) = (\beta + 2\gamma\, B(v))\; B'(v).$$

Wir erhalten somit:

$$\frac{A'(u+v)}{A(u+v)} = \beta + 2\gamma B(v) - \frac{(\beta + 2\gamma B(v))\,A(u) + A'(u)}{N}\; B'(v).$$

Daher wird:

$$\left(\frac{A'(u+v)}{A(u+v)}\right)^2 = (\beta + 2\gamma B(v))^2 - 2\,\frac{(\beta + 2\gamma B(v))^2 A(u) + (B + 2\gamma B(v))\,A'(u)}{N} B'(v)$$
$$+ \frac{((\beta + 2\gamma B(v))\,A(u) + A'(u))^2}{N^2}\, B'(v)^2.$$

Nun wird:

$$\begin{aligned}(\beta + 2\gamma\, B(v))^2 &= \beta^2 + 4\beta\gamma\, B(v) + 4\gamma^2\, B(v)^2\\ &= \beta^2 + 4\beta\gamma\, B(v) + 4\gamma\,(B'(v) - a - \beta\, B(v))\\ &= \beta^2 - 4a\gamma + 4\gamma\, B'(v)\\ &= a + 4\gamma\, B'(v).\end{aligned}$$

Ferner wird, wenn man beachtet, daß

$$A(u)\,B'(u) - A'(u)\,B(u) = A(u)^2 \frac{d}{du}\left(\frac{B(u)}{A(u)}\right) = \frac{\beta}{2\gamma}\, A'(u)$$
$$+ \frac{a}{2\gamma}\, A(u) + \frac{b}{2\gamma}\, A(u)^2$$

ist:

$$4\gamma\, B'(v) - 2\,\frac{(\beta + 2\gamma\, B(v))^2 A(u) + (\beta + 2\gamma\, B(v))\; A'(u)}{N}\; B'(v)$$

$$= \frac{2\,(2\gamma\,\delta_1 - \delta_2\beta)\; A(u)^2 - 4\gamma\,(a + \beta\, B(v) + \gamma\, B(v)^2)\, A(u)}{N}\; B'(v)$$

$$= 2b\,\frac{A(u)^2\, B'(v)}{N} - 4\gamma\,\frac{A(u)\,B'(v)^2}{N} = 2b\, A(u+v) - 4\gamma\,\frac{A(u)\,B'(v)^2}{N}.$$

Endlich wird:

$$-4\gamma \frac{A(u)\,B'(v)^2}{N} + \frac{((\beta+2\gamma\,B(v))\,A(u)+A'(u))^2}{N^2}\,B'(v)^2$$
$$= c\,\frac{A(u)^4\,B'(v)^2}{N^2} = c\,A(u+v)^2.$$

Somit ergibt sich also:

$$\left(\frac{A'(u+v)}{A(u+v)}\right)^2 = a + 2b\,A(u+v) + c\,A(u+v)^2$$

oder:

$$A'(u+v) = A(u+v)\,\sqrt{a+2b\,A(u+v)+c\,A(u+v)^2}. \tag{33}$$

$A(u+v)$ genügt also der gleichen Differentialgleichung wie $A(u)$. Man kann nun noch leicht zeigen, daß zwischen $A(u+v)$, $B(u+v)$ eine ähnliche Beziehung besteht wie zwischen $A(u)$, $B(u)$. Es ist nämlich:

$$B(u+v) = B(v) + \frac{B(u)-B(v)}{N}\,A(u)\,B'(v)$$

oder:

$$B(u+v) = B(v) + \frac{\left(-\frac{\beta}{2\gamma} - B(v) - \frac{1}{2\gamma}\,A'(u) + \frac{\delta_2}{2\gamma}\,A(u)^2\right)B'(v)}{N}$$

oder:

$$B(u+v) = -\frac{\beta}{2\gamma} + \delta_2\,A(u+v) - \frac{A'(u+v)}{A(u+v)}. \tag{34}$$

Wird nun $B(v) - k\,A(v) = 0$, so hat man in (33) und (34) $A(u+v)$ durch $B(u+v) - k\,A(u+v)$ zu ersetzen.

Im zweiten Sonderfalle:

$$A(u) = \left(\frac{k}{2}u + c_2\right)^2, \quad B(u) = ak\left(\frac{k}{2}u + c_2\right)$$
$$A(v) = \left(\frac{k}{2}v + c_1\right)^2, \quad B(v) = ak\left(\frac{k}{2}v + c_1\right)$$

kann man, da der Nenner 0 wird, die Funktionen $A(u+v)$, $B(u+v)$ nicht aus den Gleichungen (30) berechnen. Man kann aber in diesem Falle die dritte Schar des Dreiecksnetzes direkt durch Subtraktion der beiden Gleichungen der beiden andern Scharen bestimmen.

Wird endlich gleichzeitig

$$A(u) = 0,\; A(v) = 0 \text{ oder } B(u) - k\,A(u) = 0,\; B(v) - k\,A(v) = 0,$$

so wird, wie man aus der Gleichung (6) sofort ersieht,

$$A(u+v) = 0 \text{ bzw. } B(u+v) - k\,A(u+v) = 0,$$

während $B(u+v)$, wie $B(u)$ und $B(v)$, beliebig bleibt.

§ 5. Die geodätischen Dreiecksnetze auf den Flächen konstanten Krümmungsmaßes.

1. Geodätische Dreiecksnetze in der Ebene.

Ist allgemein

$$\begin{aligned} A(u) &= mp(u)+n, & B(u) &= amp'(u), \\ A(v) &= mp(v)+n, & B(v) &= amp'(v), \\ A(u+v) &= mp(u+v)+n, & B(u+v) &= -amp'(u+v), \end{aligned}$$

so sind die Umhüllungskurven der drei Geradenscharen $u=$ const., $v=$ const., $u+v=$ const. durch die beiden Gleichungen bestimmt:

$$\left\{\begin{aligned} mxp(\sigma) \pm amyp'(\sigma)+(1+nx) &= 0, \\ xp'(\sigma) \pm ayp''(\sigma) &= 0, \end{aligned}\right. \tag{35}$$

wo das $+$Zeichen zu nehmen ist für $\sigma = u, v$ und das $-$Zeichen für $\sigma = u+v$. Daraus folgt, daß alle Geraden der drei Scharen, die das Dreiecksnetz bilden, ein- und dieselbe Kurve dritter Klasse berühren.

Haben wir den Sonderfall

$$A(v)=0,\quad B'(v)=\alpha+\beta B(v)+\gamma B(v)^2,$$

so bilden die Geraden $v=$ const. ein Büschel von Parallelen, während die beiden anderen Scharen ein und denselben Kegelschnitt umhüllen:

$$a_{11}x^2+2a_{12}xy+a_{22}y^2+2a_{13}x+2a_{23}y+a_{33}=0, \tag{36}$$

wie die aus den Gleichungen (25), (26), (33), (34) zu bestimmenden Werte der Funktionen $A(u)$, $B(u)$, $A(u+v)$, $B(u+v)$ sofort zeigen.

Wird

$$B(v)-k\,A(v)=0$$

so bilden die Geraden $v=$ const. ein Büschel mit Schnittpunkt im Endlichen; die Kurven $u=$ const. und $u+v=$ const. sind wieder Tangenten eines Kegelschnittes.

In dem Sonderfalle

$$\begin{aligned} A(u) &= \left(\frac{k}{2}u+c_2\right)^2, & B(u) &= ak\left(\frac{k}{2}u+c_2\right) \\ A(v) &= \left(\frac{k}{2}u+c_1\right)^2, & B(v) &= ak\left(\frac{k}{2}v+c_1\right) \end{aligned}$$

umhüllen die Geraden $u=$ const. und $v=$ const. die Parabel

$$a^2k^2y^2=4x,$$

während die dritte Geradenschar

$$\left(\frac{k}{2}(u+v)+c_2+c_1\right)x+aky=0$$

ein Büschel durch den Nullpunkt, der auch Parabelpunkt ist, bildet. Die Kurve dritter Klasse zerfällt also in allen Sonderfällen in eine Kurve zweiter Klasse und einen Punkt.

Wird endlich

$$A(u)=0,\ A(v)=0,\ A(u+v)=0,$$

so bildet jede der drei Geradenscharen ein Büschel. Die Kurve dritter Klasse zerfällt also in drei Punkte. Wir erhalten somit den Satz:

Drei Geradenscharen in der Ebene bilden dann und nur dann ein Dreiecksnetz, wenn sie ein- und dieselbe Kurve dritter Klasse umhüllen, die in einen Punkt und einen Kegelschnitt oder in drei Punkte ausarten kann.

2. Geodätische Dreiecksnetze auf der Kugel.

Ersetzt man in dem Vorhergehenden x, y durch $\frac{x}{z}$, $\frac{y}{z}$, so erhält man für die Kugel den Satz:

Drei Scharen von Großkreisen einer Kugel bilden ein Dreiecksnetz dann und nur dann, wenn sie entweder eine Kurve umhüllen, die durch die Fläche

$$(37)\qquad \begin{cases} mxp(\sigma)+amyp'(\sigma)+(z+nx)=0\\ xp'(\sigma)+ayp''(\sigma)=0\end{cases}$$

ausgeschnitten wird, oder eine Schar ein Büschel bildet, während die beiden andern Scharen eine Kurve umhüllen, die durch den Ursprungskegel

$$(38)\qquad a_{11}x^2+2a_{12}xy+a_{22}y^2+2a_{13}xz+2a_{23}yz+a_{33}z^2=0$$

ausgeschnitten wird oder drei verschiedene Büschel bilden.

3. Geodätische Dreiecksnetze auf der Pseudosphäre.

Ersetzt man in 1. x, y bzw. durch $\frac{a^2r^2}{a^2+r^2\varphi^2}$, $-\frac{2a\varphi r^2}{a^2+r^2\varphi^2}$, so erhält man für die Pseudosphäre den Satz:

Drei Scharen geodätischer Linien auf der Pseudosphäre bilden ein Dreiecksnetz dann und nur dann, wenn sie entweder eine Kurve umhüllen, die durch die Fläche

$$(39)\qquad \begin{cases} ma^2r^2p(\sigma)-2ama\varphi r^2p'(\sigma)+a^2+r^2\varphi^2+na^2r^2=0\\ ap'(\sigma)-2a\varphi p''(\sigma)=0\end{cases}$$

aus der Pseudosphäre ausgeschnitten wird, oder eine Schar ein Büschel bildet, während die beiden andern Scharen ein und dieselbe Kurve umhüllen, die durch die Gleichung

$$(40)\qquad \begin{aligned} &a_{11}(a^2+r^2\varphi^2)^2+2a_{12}r^2(a^2+r^2\varphi^2)+a_{22}r^4\\ &+2a_{13}(a^2+r^2\varphi^2)r^2\varphi+2a_{23}r^4\varphi+a_{33}r^4\varphi^2=0\end{aligned}$$

gegeben ist, oder drei verschiedene Büschel bilden.

§ 6. Geodätische rhombische Dreiecksnetze.

Unter geodätischen rhombischen Dreiecksnetzen verstehen wir solche Dreiecksnetze, die die Eigenschaft haben, daß die Scharen $u=$ const. und $v=$ const. sich rhombisch anordnen lassen.

Wie Herr A. Voss [1]) gezeigt hat, sind geodätische rhombische Netze nur auf LIOUVILLEschen Flächen möglich, und es ist, wenn e, f, g die Fundamentalgrößen erster Ordnung sind und ϑ der Winkel, den die Kurven $u=$ const. und $v=$ const. miteinander bilden [2]):

$$(41)\qquad e=g=(F(u+v)-\Phi(u-v))^2,\; f=F^2(u+v)-\Phi^2(u-v),$$
$$\cos\vartheta=\frac{F(u+v)+\Phi(u-v)}{F(u+v)-\Phi(u-v)}.$$

Wir legen uns zunächst allgemein die Frage vor: Auf welchen LIOUVILLEschen Flächen sind geodätische rhombische Dreiecksnetze möglich? Zur Beantwortung dieser Frage gehen wir von der Form des Linienelements aus:

$$(42)\qquad ds^2=A^2\,du^2+2\,AC\cos\vartheta\,du\,dv+C^2\,dv^2.$$

Die Kurven $u=$ const. und $v=$ const. sind nun geodätische Linien auf einer Fläche, wenn ist:

$$(43)\qquad \begin{cases} C_u-A_v\cos\vartheta=-A\sin\vartheta\,\vartheta_v,\\ A_v-C_u\cos\vartheta=-C\sin\vartheta\,\vartheta_u.\end{cases}$$

Sollen nun auch die Kurven $u+v=$ const. geodätische Linien sein, so ist die weitere Bedingung dafür:

$$AC\begin{vmatrix} A-C\cos\vartheta & A_u-2A_v+C_v\cos\vartheta\\ A\cos\vartheta-C & A_u\cos\vartheta-2C_u+C_v\end{vmatrix}=0,$$

wie man leicht aus der bekannten Differentialgleichung der geodätischen

[1]) Vgl. A. Voss, Über diejenigen Flächen, die durch zwei Scharen von Kurven geodätischer konstanter Krümmung in infinitesimale Rhomben zerlegt werden. Sitzungsberichte der bayr. Akad. d. Wiss. math.-phys. Klasse, Bd. XXXVI (1906) S. 269.

[2]) Vgl. H. B. S. 5.

Linien für $\frac{dv}{du} = -1$ erhält. Da $A = 0$ oder $C = 0$ nicht in Betracht kommt, so erhält man hieraus:

$$(44) \quad (AC_v + A_u C)\sin^2\vartheta + 2(CC_u + AA_v)\cos\vartheta - 2(AC_u + CA_v) = 0.$$

Infolge der Gleichungen (43) ist nun:

$$CC_u + AA_v = (CA_v + AC_u)\cos\vartheta - AC\sin\vartheta(\vartheta_u + \vartheta_v).$$

Setzt man diesen Wert für $CC_u + AA_v$ in (44) ein, so ergibt sich:

$$(45) \quad (AC_v + A_u C - 2CA_v - 2AC_u)\sin\vartheta - 2AC\cos\vartheta(\vartheta_u + \vartheta_v) = 0$$

oder:

$$(46) \qquad \frac{\partial}{\partial u}\lg\left(\frac{A}{C^2\sin^2\vartheta}\right) + \frac{\partial}{\partial v}\lg\left(\frac{C}{A^2\sin^2\vartheta}\right) = 0.$$

Die drei Gleichungen (43) und (46) bestimmen zusammen die Frage nach den geodätischen Dreiecksnetzen auf Flächen überhaupt.

Sollen nun die geodätischen Dreiecksnetze zugleich eine rhombische Teilung bewirken, so muß $A = C$ sein. Aus (44) folgt dann sofort:

$$(47) \qquad A_u + A_v = 0$$

und somit aus (45):

$$(48) \qquad \vartheta_u + \vartheta_v = 0.$$

Nach (47) kann A eine Funktion nur von $u - v$ sein. Somit muß in den Gleichungen (41) $F(u+v)$ einen konstanten Wert annehmen; es wird also:

$$(49) \qquad F(u+v) = k$$

und das Linienelement erhält die Form:

$$(50) \qquad ds^2 = (k - \Phi(u-v))\,(k(du+dv)^2 - \Phi(u-v)\,(du-dv)^2).$$

Daraus folgt:

Geodätische rhombische Dreiecksnetze gibt es nur auf den LIOUVILLEschen Flächen, die auf Rotationsflächen abwickelbar sind.

Für die Flächen konstanten Krümmungsmaßes läßt sich die Funktion Φ leicht bestimmen. Denn ist K das Krümmungsmaß, also eine Konstante, so besteht zwischen den Funktionen $F(u+v)$, $\Phi(u-v)$ die Funktionalgleichung[1]):

$$-K(F-\Phi)^3 = F'' - \frac{3}{2}\frac{F'^2}{F} - \Phi'' + \frac{3}{2}\frac{\Phi'^2}{\Phi} + F\left(\frac{\Phi''}{\Phi} - \frac{1}{2}\frac{\Phi'^2}{\Phi^2}\right) - \Phi\left(\frac{F''}{F^2} - \frac{1}{2}\frac{F'^2}{F^2}\right).$$

[1]) Vgl. H. B. S. 18, Gl. (61). Es sind aber dort zwei Druckfehler; statt $-\frac{1}{2}\frac{F'^2}{F}$, $-\frac{1}{2}\frac{\Phi'^2}{\Phi}$ in den Klammern muß $-\frac{1}{2}\frac{F'^2}{F^2}$, $-\frac{1}{2}\frac{\Phi'^2}{\Phi^2}$ stehen.

Da nach (49) $F(u+v)=k$ ist, so erhält man hieraus:

$$\frac{d}{d(u-v)}\left(\frac{\Phi'}{\sqrt{\Phi}(k-\Phi)}\right)=-K\sqrt{\Phi}(k-\Phi),$$

woraus durch Integration folgt:

$$\frac{\Phi'}{\sqrt{\Phi}\,(k-\Phi)}=\sqrt{-2K\Phi+c}, \tag{51}$$

wo c eine weitere beliebige Konstante bedeutet. Durch nochmalige Integration erhält man hieraus:

$$\int\frac{d\Phi}{(k-\Phi)\sqrt{\Phi}\,\sqrt{c-2K\Phi}}=u-v+c_1, \tag{52}$$

woraus man Φ leicht finden kann.

Betrachten wir nun im besonderen den Fall der Ebene, der Kugel und der Pseudosphäre. Zunächst erkennt man daraus, daß sich auf diesen Flächen zwei Scharen von geodätischen Linien immer rhombisch anordnen lassen, wenn sie zwei verschiedene Büschel bilden[1]), daß drei Scharen sich immer zu einem geodätischen rhombischen Dreiecksnetz anordnen lassen, wenn sie drei verschiedene Büschel bilden. Die weiteren Netze kann man in folgender Weise bestimmen.

1. Im Falle der Ebene erhält man aus (52) sofort für $K=0$:

$$A=k-\Phi=\frac{2k}{1+\cos(\alpha(u-v)+\beta)}$$

und somit

$$\cos\vartheta=\cos(\alpha(u-v)+\beta)$$

oder

$$\vartheta=\alpha(u-v)+\beta;$$

die Gleichung (48) ist also erfüllt und ϑ hat die Form:

$$\vartheta=U(u)-V(v),$$

wie es bekanntlich für alle abwickelbaren Flächen der Fall ist. Man findet nun leicht[2]):

$$x-x_0=2k\int\frac{\cos(\alpha v)\,du+\cos(\alpha u+\beta)\,dv}{1+\cos(\alpha(u-v)+\beta)}=\frac{2k}{\alpha}\,\frac{\sin\frac{\alpha(u+v)+\beta}{2}}{\cos\frac{\alpha(u-v)+\beta}{2}}$$

$$y-y_0=-2k\int\frac{\sin(\alpha v)\,du+\sin(\alpha u+\beta)\,dv}{1+\cos(\alpha(u-v)+\beta)}=-\frac{2k}{\alpha}\,\frac{\cos\frac{\alpha(u+v)+\beta}{2}}{\cos\frac{\alpha(u-v)+\beta}{2}}$$

---

[1]) Vgl. H. B.

[2]) Vgl. O. VOLK, Zur Vossschen Arbeit: Kurvennetze und LAPLACEsche partielle Differentialgleichungen. Sitzungsber. d. bayr. Akad. d. Wiss. math.-phys. Klasse, 1924, S. 174.

oder:

$$(53)\qquad \begin{cases}(x-x_0)\sin(au+\beta)-(y-y_0)\cos(au+\beta)=\dfrac{2k}{a}\\[2ex](x-x_0)\sin(av)\quad-(y-y_0)\cos(av)\quad=\dfrac{2k}{a}\end{cases}$$

Die Kurven $u=\text{const.}$ und $v=\text{const.}$ sind also Tangenten des Kreises:

$$(x-x_0)^2+(y-y_0)^2=\frac{4k^2}{a^2}.$$

Die Kurven $u+v=\text{const.}$ sind die durch den Mittelpunkt dieses Kreises gehenden Geraden:

$$(x-x_0)(\sin(au+\beta)-\sin(av))-(y-y_0)(\cos(au+\beta)-\cos(av))=0$$

oder:

$$(x-x_0)\cos\frac{a(u+v)+\beta}{2}+(y-y_0)\sin\frac{a(u+v)+\beta}{2}=0.$$

Wir erhalten also den Satz:

Drei Scharen von Geraden in der Ebene bilden ein rhombisches Dreiecksnetz, wenn eine Schar ein Büschel bildet, während die beiden andern Scharen Tangenten eines Kreises um den Büschelmittelpunkt sind oder wenn sie drei verschiedene Büschel bilden.

2. Die Kugel.

Sind $\alpha, \beta, \gamma, \lambda, \mu, \nu$ die Winkel der Tangenten der Kurven $u=\text{const.}$ bzw. $v=\text{konst.}$ mit den Koordinatenachsen, so ist[1]):

$$\cos\alpha=\frac{U_3+V_3\cos\vartheta}{\sin\vartheta},\quad \cos\beta=\frac{U_2+V_2\cos\vartheta}{\sin\vartheta},\quad \cos\gamma=\frac{U_1+V_1\cos\vartheta}{\sin\vartheta},$$

$$\cos\lambda=\frac{V_3+U_3\cos\vartheta}{\sin\vartheta},\quad \cos\mu=\frac{V_2+U_2\cos\vartheta}{\sin\vartheta},\quad \cos\nu=\frac{V_1+U_1\cos\vartheta}{\sin\vartheta},$$

wo $U_1, U_2, U_3, V_1, V_2, V_3$ Funktionen nur von u bzw. nur von v sind, die der Bedingung genügen müssen:

$$U_1^2+U_2^2+U_3^2=1,\quad V_1^2+V_2^2+V_3^2=1.$$

Es wird daher:

$$\cos\vartheta=\cos\alpha\,\cos\lambda+\cos\beta\,\cos\mu+\cos\gamma\,\cos\nu$$
$$=\frac{2\cos\vartheta+(U_1V_1+U_2V_2+U_3V_3)(1+\cos^2\vartheta)}{\sin^2\vartheta}$$

und daher:

$$(54)\qquad \cos\vartheta=-(U_1V_1+U_2V_2+U_3V_3).$$

[1]) Vgl. H. B. S. 10.

Die Bedingung (48) gibt nun:

$$(55)\qquad U_1 V_1' + U_2 V_2' + U_3 V_3' + U_1' V_1 + U_2' V_2 + U_3' V_3 = 0,$$

woraus durch zweimalige Differentiation nach v bzw. nach u und Elimination folgt:

$$(56a)\quad \begin{cases} U_1' = a_1 U_1 + b_1 U_2 + c_1 U_3, & V_1' = m_1 V_1 + n_1 V_2 + p_1 V_3, \\ U_2' = a_2 U_1 + b_2 U_2 + c_2 U_3, & V_2' = m_2 V_1 + n_2 V_2 + p_2 V_3, \\ U_3' = a_3 U_1 + b_3 U_2 + c_3 U_3, & V_3' = m_3 V_1 + n_3 V_2 + p_3 V_3. \end{cases}$$

Da die Gleichung (55) identisch erfüllt sein muß, so folgt:

$$\begin{aligned} m_1 &= -a_1, & m_2 &= -b_1, & m_3 &= -c_1 \\ n_1 &= -a_2, & n_2 &= -b_2, & n_3 &= -c_2 \\ p_1 &= -a_3, & p_2 &= -b_3, & p_3 &= -c_3. \end{aligned}$$

Es wird also:

$$(56b)\quad \begin{cases} V_1' = -a_1 V_1 - a_2 V_2 - a_3 V_3, \\ V_2' = -b_1 V_1 - b_2 V_2 - b_3 V_3, \\ V_3' = -c_1 V_1 - c_2 V_2 - c_3 V_3. \end{cases}$$

Sollen nun die Kurven $u = \text{const.}$ und $v = \text{const.}$ ein rhombisches Netz bilden, so müssen auch die Gleichungen erfüllt sein[1]):

$$(57)\quad \begin{cases} U_1' U_2 - U_1 U_2' = a_1' U_1 + b_1' U_2 + c_1' U_3, & V_1' V_2 - V_1 V_2' = -c_3' V_1 \\ & \qquad - c_2' V_2 - c_1' V_3 \\ U_1 U_3' - U_1' U_3 = a_2' U_1 + b_2' U_2 + c_2' U_3, & V_1 V_3' - V_1' V_3 = -b_3' V_1 \\ & \qquad - b_2' V_2 - b_1' V_3 \\ U_2' U_3 - U_2 U_3' = a_3' U_1 + b_3' U_2 + c_3' U_3, & V_2' V_3 - V_2 V_3' = -a_3' V_1 \\ & \qquad - a_2' V_2 - a_1' V_3. \end{cases}$$

Die Gleichungen (56) und (57) sind dann und nur dann miteinander verträglich, wenn je eine der Größen $U_1, U_2, U_3, V_1, V_2, V_3$ konstant ist, also etwa ist:

$$U_1 = k, \quad V_1 = k_1.$$

Dann wird also:

$$a_1 = a_2 = c_3 = b_1 = c_1 = 0$$

und wir erhalten aus (56):

$$(58)\quad \begin{cases} U_2' = b_2 U_2 + c_2 U_3, & V_2' = -b_2 V_2 - b_3 V_3, \\ U_3' = b_3 U_2 + c_3 U_3, & V_3' = -c_2 V_2 - c_3 V_3, \end{cases}$$

---

[1]) Vgl. H. B. S. 11.

und aus (57):

$$(59)\quad \begin{cases} U_2' = -a_1' - \frac{b_1'}{k} U_2 - \frac{c_1'}{k} U_3, & V_2' = \quad c_3' + \frac{c_2'}{k_1} V_2 + \frac{c_1'}{k_1} V_3, \\ U_3' = \quad a_2' + \frac{b_2'}{k} U_2 + \frac{c_2'}{k} U_3, & V_3' = -b_3' - \frac{b_2'}{k_1} V_2 - \frac{b_1'}{k_1} V_3, \\ U_2' U_3 - U_2 U_3' = a_3' k + b_3' U_2 + c_3' U_3, & V_2' V_3 - V_2 V_3' = -a_3' k_2 \\ & \qquad - a_2' V_2 - a_1' V_3. \end{cases}$$

Sollen die Gleichungen (58) und (59) identisch sein, so muß sein:

$$(60)\quad \begin{cases} a_1' = a_2' = c_3' = b_3' = 0, \; b_2 = -\frac{b_1'}{k}, \; c_2 = -\frac{c_1'}{k}, \; b_3 = \frac{b_2'}{k}, \\ c_3 = \frac{c_2'}{k}, \; -b_2 = \frac{c_2'}{k_1}, \; -b_3 = \frac{c_1'}{k_1}, \; c_2 = \frac{b_2'}{k_1}, \; c_3 = \frac{b_1'}{k_1}. \end{cases}$$

Da nun außerdem

$$\begin{matrix} U_1^2 + U_2^2 + U_3^2 = 1, \\ V_1^2 + V_2^2 + V_3 = 1, \end{matrix} \quad \text{also} \quad \begin{matrix} U_2^2 + U_3^2 = 1 - k^2, \\ V_2^2 + V_3^2 = 1 - k_1^2, \end{matrix}$$

sein muß, so muß auch sein:

$$U_2 U_2' + U_3 U_3' = \quad b_2 U_2^2 + c_3 U_3^2 + (b_3 + c_2) U_2 U_3 = 0,$$
$$V_2 V_2' + V_3 V_3' = -b_2 V_2^2 - c_3 V_3^2 - (b_3 + c_2) V_2 V_3 = 0,$$

also:

$$b_2 = c_3 = 0, \; b_3 = -c_2.$$

Aus den Gleichungen (60) folgt dann:

$$k_1 = -k, \; b_1' = c_2' = 0, \; c_1' = -b_2' = b_3 = -c_2 = -a$$

und endlich aus der dritten Gleichung (59):

$$a_3' = a\left(\frac{1}{k} - k\right).$$

Wir erhalten somit:

$$\begin{aligned} U_2' &= a U_3, & V_2' &= a V_3 \\ U_3' &= -a U_2, & V_3' &= -a V_2 \\ U_1 &= k, & V_1 &= -k \end{aligned}$$

und daher, da

$$U_2^2 + U_3^2 = 1 - k^2, \quad V_2^2 + V_3^2 = 1 - k^2,$$
$$U_2 = \sqrt{1 - k^2} \sin(au + b), \quad V_2 = \sqrt{1 - k^2} \sin(av + c),$$
$$U_3 = \sqrt{1 - k^2} \cos(au + b), \quad V_3 = \sqrt{1 - k^2} \cos(av + c).$$

Die Scharen $u = \text{const.}$ und $v = \text{const.}$ sind daher durch die Gleichungen bestimmt:

$$(61)\quad \begin{cases} \cos(au + b)\, x + \sin(au + b) + \frac{k}{\sqrt{1 - k^2}}\, z = 0 \\ \cos(av + c)\, x + \sin(av + c) + \frac{k}{\sqrt{1 - k^2}}\, z = 0. \end{cases}$$

Daraus folgt, daß die Kurven $u = \text{const.}$ und $v = \text{const.}$ ein und denselben Parallelkreis umhüllen, der durch die Ebene

$$z = \sqrt{1-k^2}\, R$$

(R der Radius der Kugel) ausgeschnitten wird.

Die dritte Schar der Großkreise, die mit den beiden Scharen (61) ein geodätisches rhombisches Dreiecksnetz auf der Kugel bildet, wird durch das Ebenenbüschel

$$(\cos(au+b) - \cos(av+c))\, x + (\sin(au+b) - \sin(av+c))\, y = 0$$

oder:

$$\sin\frac{a(u+v)+b+c}{2}\, x + \cos\frac{a(u+v)+b+c}{2}\, y = 0 \tag{62}$$

aus der Kugel ausgeschnitten. Sie bildet eine Schar von Meridiankreisen. Wir erhalten also den Satz:

Drei Scharen von Großkreisen auf einer Kugel bilden ein rhombisches Dreiecksnetz, wenn zwei Scharen ein und denselben Parallelkreis umhüllen, während die dritte Schar ein Büschel von Meridiankreisen bildet, oder wenn sie drei verschiedene Büschel bilden.

3. Die Pseudosphäre.

Man könnte die Rechnung in analoger Weise durchführen wie im Falle der Kugel, indem man von den Werten für $\cos\vartheta$[1]) ausginge und die Gleichung (48) berücksichtigte. Aber man kann sich die etwas weitläufige Rechnung sparen[2]), wenn man davon ausgeht, daß in dem Sonderfalle $A(v) = 0$ (oder $B(v) - kA(v) = 0$) die Kurven $v = \text{const.}$ ein Büschel bilden; daraus folgt, daß, wenn die Kurven $u = \text{const.}$ und $v = \text{const.}$ ein rhombisches Kurvennetz bilden sollen, auch die Kurven $u = \text{const.}$ ein Büschel bilden müssen.[3]) Dann müssen auch die Kurven $u + v = \text{const.}$ ein Büschel bilden. Man kann sich also, wenn man von diesem besonderen Falle der drei Büschel absieht, auf den allgemeinen Fall beschränken, wo ist:

$$B(u) = a\frac{d}{du}(A(u)),\quad B(v) = a\frac{d}{dv}(A(v)). \tag{63}$$

---

[1]) Vgl. H. B. S. 16.

[2]) Diesen Weg hätte man auch im Falle der Kugel und Ebene einschlagen können.

[3]) Vgl. H. B. S. 17.

Sollen nun die Kurven $u = \text{const.}$ und $v = \text{const.}$ ein rhombisches Netz bilden, so muß außerdem sein[1]):

$$(64)\quad \frac{d}{dU}(A(u)) = a_1 + b_1 A(u) + c_1 B(u),\ \frac{d}{dV}(A(v)) = -c_3 - C_2 A(v) - c_1 B(v),$$

wo

$$dU = \frac{du}{\sqrt{B(u)^2 - A(u)}},\ dV = \frac{dv}{\sqrt{B(v)^2 - A(v)}}.$$

Die Gleichungen (64) und (63) sind dann und nur dann identisch, wenn ist:

$$\sqrt{B(u)^2 - A(u)} = k,\ \sqrt{B(v)^2 - A(v)} = -k$$

oder:

$$(65)\quad \begin{cases} B(u) = \sqrt{k^2 + A(u)} \\ B(v) = \sqrt{k^2 + A(v)}. \end{cases}$$

Setzt man diese Werte in (63) ein, so erhält man:

$$\frac{dA(u)}{\sqrt{k^2 + A(u)}} = \frac{1}{a}\,du,\ \frac{dA(v)}{\sqrt{k^2 + A(v)}} = \frac{1}{a}\,dv$$

oder:

$$(66)\quad \begin{cases} A(u) = -k^2 + \dfrac{1}{4}\left(\dfrac{1}{a}u + c_1\right)^2, \\ A(v) = -k^2 + \dfrac{1}{4}\left(\dfrac{1}{a}v + c_2\right)^2, \end{cases}$$

und daher:

$$(67)\quad \begin{cases} B(u) = \dfrac{1}{2}\left(\dfrac{1}{a}u + c_1\right), \\ B(v) = \dfrac{1}{2}\left(\dfrac{1}{a}v + c_2\right). \end{cases}$$

Man überzeugt sich leicht, daß die Werte (66) und (67) alle Bedingungen der rhombischen Teilung sowie des Dreiecksnetzes erfüllen. Die Kurven $u = \text{const.}$ und $v = \text{const.}$ sind somit die Kurvenscharen:

$$(68)\quad \begin{cases} \left(-k^2 + \dfrac{1}{4}\left(\dfrac{1}{a}u + c_1\right)^2\right) a^2 r^2 - \left(\dfrac{1}{a}u + c_1\right) a\varphi r^2 + a^2 + r^2\varphi^2 = 0, \\ \left(-k^2 + \dfrac{1}{4}\left(\dfrac{1}{a}v + c_2\right)\right) a^2 r^2 - \left(\dfrac{1}{a}v + c_2\right) a\varphi r^2 + a^2 + r^2\varphi^2 = 0, \end{cases}$$

---

[1]) Vgl. H. B. S. 17. Es ist zu setzen (vgl. Gl. (4) u. (5) des § 1 dieser Arbeit):

$$A(u) = U_1^2 - U_3^2,\ B(u) = U_1,$$
$$A(v) = V_1^2 - V_3^2,\ B(v) = V_1.$$

die ein und denselben Parallelkreis $r=\frac{1}{k}$ umhüllen. Die dritte Schar des Dreiecksnetzes ist gebildet durch das Büschel:

$$a\left(\frac{u+v}{a}+c_1+c_2\right)-4\varphi=0 \tag{69}$$

d. h. durch die Schar der Meridiankreise $\varphi=\text{const.}$ Wir erhalten also den Satz:

Drei Scharen von geodätischen Linien auf der Pseudosphäre bilden ein rhombisches Dreiecksnetz, wenn zwei Scharen ein und denselben Parallelkreis berühren, während die dritte Schar aus dem Büschel der Meridiankurven besteht, oder wenn sie drei verschiedene Büschel bilden.

Nachträgliche Bemerkungen zu der Note:

Über geodätische rhombische Kurvennetze auf krummen Flächen, insbesondere auf Flächen konstanter Krümmung.[1])

Bei der Diskussion der Gleichung (38) (S. 17) ist der Fall unberücksichtigt geblieben, wo die Gleichung

$$\begin{aligned}(A\xi^2+2B\xi+C)(B-2E-(a_1-c_3)(b_1+c_2))^2\\=\left(\xi(B(b_1-c_2)-(a_1-c_3)A)-B(a_1-c_3)+(b_1-c_2)C\right)^2\end{aligned}$$

identisch befriedigt ist, nämlich wenn gleichzeitig ist:

$$\begin{aligned}B-2E-(a_1-c_3)(b_1+c_2)&=0,\\(b_1-c_2)B-(a_1-c_3)A&=0,\\(b_1-c_2)C-(a_1-c_3)B&=0.\end{aligned}$$

Diese Gleichungen verlangen, wenn man voraussetzt, daß $AC-B^2 \neq 0$,

$$b_1-c_2=0,\ a_1-c_3=0,\ B=2C\ (\text{d. h. } a_2=b_3).$$

Es bleiben also von den acht willkürlichen Größen $\frac{a_1}{c_1}, \ldots \frac{c_3}{c_1}$ fünf willkürlich, so daß man die Beziehung erhält:

$$\eta=k\xi+l\pm\sqrt{A_1\xi^2+4C_1\xi+C_1\xi}.$$

Diese Gleichung hat an Stelle der Gleichung (43) zu treten. Sie ergibt in der Anwendung aber genau das gleiche Resultat wie die Gleichung (44) oder (45).

---

[1]) Sitzungsberichte der Heidelberger Akademie der Wissenschaften, 1925, 13. Abhandlung.

Ist aber $AC - B^2 = 0$, so erhält man die Gleichung (43) und damit den Fall der Büschel.

Auch mögen einige Druckfehler richtiggestellt werden.

S. 6 Z. 6 v. u. lies: $\cos\vartheta = \frac{F+\Phi}{F-\Phi}$.

S. 6 Z. 4 v. u. lies: $(F-\Phi)\cos\vartheta = F+\Phi$.

S. 11 Gl. (35) lies: $c_1 V_3, b_1 V_3, a_1 V_3$ statt $c_1 V_1, b_1 V_1\; a_1 V_1$.

S. 11 Gl. (36) lies: $dU = \frac{du}{U_1}$.

S. 15 Z. 3 v. o. lies: $\cos\gamma$ statt $\cos 0$.

S. 18 Z. 13 v. o. lies jedesmal: $\sqrt{F\Phi}\,(F-\Phi)$ statt $\sqrt{F\Phi\,(F-\Phi)}$.

S. 18 Gl. (61) lies in den Klammern:

$$-\frac{1}{2}\frac{\Phi'^2}{\Phi^2}, -\frac{1}{2}\frac{F'^2}{F^2} \text{ statt } -\frac{1}{2}\frac{\Phi'^2}{\Phi}, -\frac{1}{2}\frac{F'^2}{F}.$$

Kaunas, Math. Seminar, 16. Dezember 1926.

4. HEFFTER, L. Zur absoluten Geometrie. Reichsmark 0·60
5. VAN WERVEKE, L. Über die Entstehung der lothringischen Lehme und des mittelrheinischen Lößes. Reichsmark 1·50
6. KRULL, WOLFGANG. Die verschiedenen Arten der Hauptidealringe. Reichsmark 0·50
7. ROESER, ERNST. Übergang von der nichteuklidischen Streckentrigonometrie zur Winkelmessung. Reichsmark 0·30
8. WELLSTEIN, JULIUS. Zur Differentialgeometrie der isotropen Kurven. Reichsmark 1·50
9. EWALD, RUDOLF. Die geodynamischen Erscheinungen des krystallinen Odenwaldes als Beispiel einer geoisostatischen Ausgleichsschwingung. Reichsmark 1·50
10. VOELCKER, ILSE. Über eine ganz junge Verwerfung bei Rauenberg im Kraichgau. Reichsmark 0·30
11. LIEBMANN, HEINRICH. Die Aufschließung von Differentialinvarianten Reichsmark 0·50

Abteilung B. Biologische Wissenschaften.

Jahrgang 1923.

1. KOSSEL, A. und R. E. GROSS. Über die Darstellung und quantitative Bestimmung des Arginins. Reichsmark 0·30

Von Jahrgang 1925 ab findet die Trennung in Abteilung A und B nicht mehr statt.

Jahrgang 1925.

1. HEFFTER, LOTHAR. Zur absoluten Geometrie II. Reichsmark 0·50
2. ROESER, ERNST. Die komplementären Figuren der nichteuklidischen Ebene. Reichsmark 0·50
3. FLADT, KUNO. Neuer Beweis für die Zuordnung von rechtwinkligem Dreieck und Spitzeck in der hyperbolischen Elementargeometrie. Reichsmark 0·30
4. SALOMON, WILHELM. Beobachtungen über Harnische. Reichsmark 0·70
5. LOEWY, A. Beiträge zur Algebra. 1—4. Reichsmark 1·—
6. HELLPACH, WILLY. 2. Mitteilung zur Physiognomik der deutschen Volksstämme. Reichsmark 0·30
7. LOEWY, ALFRED. Neue elementare Begründung und Erweiterung der Galoisschen Theorie. Reichsmark 2·—
8. CURTIUS, THEODOR und BERTHO, ALFRED. Einwirkung von Stickstoffkohlenoxyd und von Stickstoffwasserstoffsäure unter Druck auf aromatische Kohlenwasserstoffe. Reichsmark 0·40
9. ROESER, ERNST. Die gnomonische Projektion in der hyperbolischen Geometrie. Reichsmark 0·70
10. RASCH, G. Uber die Ausnützung der Gezeiten des Meeres zur Energiegewinnung. Reichsmark 0 80
11. SALOMON, WILHELM. Magmatische Hebungen. Reichsmark 1·20
12. PÜTTER, A. Altersbestimmungen an Drachenbäumen von Teneriffe. Reichsmark 0·90
13. VOLK, OTTO. Über geodätische rhombische Kurvennetze auf krummen Flächen, insbesondere auf Flächen konstanter Krümmung. Reichsmark 1·10
14. ROESER, ERNST. Die Fundamentalkonstruktion der hyperbolischen Geometrie. Reichsmark 1·40

15. RÜGER, L. und RÜGER-HAAS, P. Palaeosemaeostoma geryonides v. Huene sp., eine sessile Meduse aus dem Dogger von Wehingen in Württemberg und Medusina liasica nov. sp., eine Coronatenähnliche Meduse aus dem mittleren Lias von Hechingen in Württemberg. Reichsmark 1·50

Jahrgang 1926.

1. KRULL, WOLFGANG. Theorie und Anwendung der verallgemeinerten Abelschen Gruppen. Reichsmark 1·70
2. KLEBS, GEORG. Über periodisch wachsende tropische Baumarten. Reichsmark 1·20
3. MÜLLER, MAX. Über die Oberfläche von Flächenstücken. Reichsmark 1·20
4. ERNST, MAX. Über Anlagen von Organen, die nicht zur Ausbildung gelangen. Reichsmark 0·50
5. ERNST, EMIL. Die optischen Eigenschaften des Andesins von Bodenmais. Reichsmark 1·10
6. LIEPMANN, WILHELM. Leichengeburt bei Ichthyosauriern. Reichsmark 0·90
7. KLEBS, GEORG. Über die Längenperiode der Internodien. Reichsmark 2·40
8. JOST, L. und v. UBISCH, G. Zur Windefrage. Reichsmark 0·80
9. SALOMON, WILHELM. Gibt es Gesteine, die für bestimmte Erdperioden charakteristisch sind? Reichsmark 0·30
10. ROESER, ERNST. Der reelle Übergang zwischen den beiden nichteuklidischen Geometrien und ihrem Parallelenbegriff. Reichsmark 1·20
11. SALOMON, WILHELM. Kugelförmige Absonderung. Reichsmark 0·80
12. SALOMON, WILHELM. Felsenmeere und Blockstreuungen. Reichsmark 0·80
13. SALOMON, WILHELM. Die Gruppendefinitionen in der Paläontologie. Reichsmark 0·90

Jahrgang 1927.

1. LOEWY, ALFRED. Neue elementare Begründung und Erweiterung der Galoisschen Theorie. Reichsmark 1·60
2. LIEBMANN, HEINRICH. Rhombische Geradennetze im Raum. Reichsmark 1·—
3. VOLK, OTTO. Über geodätische Dreiecksnetze auf Flächen konstanten Krümmungsmaßes. Reichsmark 1·80

Abhandlungen der Heidelberger Akademie der Wissenschaften

Mathematisch-naturwissenschaftliche Klasse

Abteilung A

12. MOHR, ERNST. Über den Zusammenhang zwischen der Struktur und den morphologischen Merkmalen des Diamanten. 1924. Reichsmark 3·50
13. REINMUTH, KARL. Die Herschel-Nebel, nach Aufnahmen der Königstuhl-Sternwarte. 1926. Reichsmark 20·—
14. SALOMON, WILHELM. Die Erbohrung der Heidelberger Radium-Sol-Therme und ihre geologischen Verhältnisse. 1927. Reichsmark 8·—

Druck: Hermann Böhlaus Nachfolger Hof-Buchdruckerei G. m. b. H. Weimar.

MIX
Papier | Fördert gute Waldnutzung
FSC® C083411

Zeitfracht Medien GmbH
Ferdinand-Jühlke-Straße 7
99095 Erfurt, Deutschland
produktsicherheit@kolibri360.de